二十四节气与生活

◎中国地图出版社 编著

中国地图出版社
·北京·

图书在版编目（CIP）数据

二十四节气与生活 / 中国地图出版社编著 . -- 北京 : 中国地图出版社，2025. 7. -- ISBN 978-7-5204-4981-6

Ⅰ . P462-49

中国国家版本馆 CIP 数据核字第 2025XQ7996 号

ERSHISI JIEQI YU SHENGHUO
二十四节气与生活

出版发行	中国地图出版社	邮政编码	100054
社　　址	北京市西城区白纸坊西街 3 号	网　　址	www.sinomaps.com
电　　话	010-83495213　83495131	经　　销	新华书店
印　　刷	保定市铭泰达印刷有限公司	印　　张	8
成品规格	170 mm × 240 mm		
版　　次	2025 年 7 月第 1 版	印　　次	2025 年 7 月河北第 1 次印刷
定　　价	29.80 元		
书　　号	ISBN 978-7-5204-4981-6		

目录

第四章　秋处露秋寒霜降

第五章　冬雪雪冬小大寒

第一章 二十四节气概述

第一节 趣说节气的来历

二十四节气被誉为“中国的第五大发明”“时间里的中国智慧”。2016年11月30日，中国申报的“二十四节气——中国人通过观察太阳周年运动而形成的时间知识体系及其实践”被正式列入联合国教科文组织人类非物质文化遗产代表作名录。

资料卡

二十四节气歌（节选）

春雨惊春清谷天，夏满芒夏暑相连。
秋处露秋寒霜降，冬雪雪冬小大寒。

二十四节气以黄河流域的天文、物候和气候为依据，以自然季节现象和农业生产活动相结合为内容，是黄河中游农业地区的时序指南。随着城市化进程的加快和现代农业技术的发展，二十四节气对农事的指导功能已经减弱，但伴随节气而产生的诸多历史传说、节令饮食、民俗庆典、养生文化等，对中国人的生活、文化等仍有诸多实用价值，并构成了中华传统文化的重要组成部分。

那么问题来了，先民们是如何测算出各个节气的具体时间的呢？在测算中他们使用了哪些仪器呢？

在中国古代，人们主要通过历法推算来测定二十四节气的时间，从《太初历》到《授时历》，二者均是在许多人观测得到的大量天文数据的基础上形成的。古人通过观测日影长度和北斗星斗柄指向等方式来确定节气时间，代表著作有《淮南子·天文训》。

让我们先来看看日影长度测算如何操作吧！根据《周髀

算经》中的记载我们得知，早在周代人们就已经初步掌握了日影长度测算的方法。日影长度测算其实是确定二十四节气最原始、最重要的方法。古人通过测量正午时分圭表表影的长度来确定冬至、夏至的时间，并以此推算春分、秋分何时到来。对于日影长度在一天中不同时间长度不同，以及一年中不同日期长度也不同的现象，感兴趣的读者可以自行查找资料，了解有关太阳高度角的相关知识。

夏至：一尺六寸	**霜降：**九尺五寸三分小分二
小暑：二尺五寸九分小分一	**立冬：**丈五寸二分小分三
大暑：三尺五寸八分小分二	**小雪：**丈一尺五寸一分小分四
立秋：四尺五寸七分小分三	**大雪：**丈二尺五寸小分五
处暑：五尺五寸六分小分四	**冬至：**丈三尺五寸
白露：六尺五寸五分小分五	**小寒：**丈二尺五寸小分五
秋分：七尺五寸五分	**大寒：**丈一尺五寸一分小分四

《周髀算经》中记载的二十四节气所测日影数列节选

资料卡

圭表

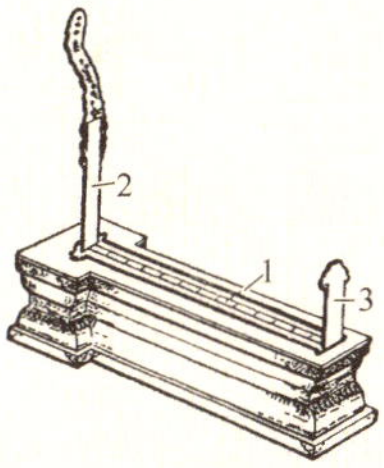

圭表示意图

圭表是指古代测量正午日影长度的天文仪器。圭是平卧的尺，表是直立的标竿。表放在圭的南、北端，与圭垂直。我们可以根据正午时度量表影的长短变化推算节气。

北京古观象台圭表

河南登封观星台

但是，因《周髀算经》中记录的确定二十四节气的时间的方法是除二至节气外，其余节气的晷长数据都不是通过实际测量获得，而是通过理想模型计算得出，所以除二至节气外，其他节气的时间与实际时间出入较大。

接下来，让我们一起看看能够测算出二十四节气时间的第二种方法——斗建。古代人依北斗星斗柄运转计算月份，斗柄所指之辰曰斗建。《鹖冠子》中写道："斗柄东指，天下皆春；斗柄南指，天下皆夏；斗柄西指，天下皆秋；斗柄北指，天下皆冬。"后来，天文学有了进一步发展，为使斗柄指示的方向与月份的联系更紧密，人们将地面分成十二个方位，分别以十二地支表示。在《淮南子·天文训》中，人们将北斗星斗柄的周年运动轨迹分为 24 份，并引入天干地支为各方位命名，据此确定二十四节气的具体时间。书中记载："斗指子则冬至，音比黄钟；加十五日指癸则小寒，音比应钟；加十五日指丑则大寒，音比无射；加十五日指报德之维，则越阴在地，故曰距日冬至四十六日而立春……”

按照目前人们掌握的地理知识，我们也可以这样理解二十四节气的划分和排列：地球公转一周为360度，二十四节气把地球公转的运动轨迹均分为24份，每1等份等于15度，即对应一个节气。第一个节气为立春，最后一个节气为大寒。

二十四节气中的相邻两个节气约间隔半个月的时间，也就意味着每个月有两个节气，一年有十二个月，共有二十四个节气。二十四节气是中华五千年农耕文明的重要组成部分，是古人智慧的结晶。

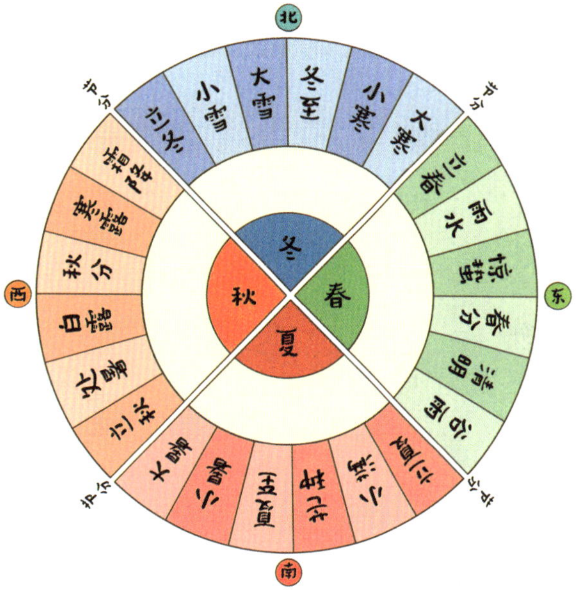

《鹖冠子》中记载的斗柄所指与二十四节气和季节的关系示意图

春来冬往，四季相承。二十四节气展示的美，是中国的时间文化之美。2022年北京冬奥会开幕式就曾用充满诗意的二十四节气来倒计时。据导演组介绍，“二十四节气”代表着一年的时光轮回，也代表人与自然和世界相处的方式，用它来倒计时，体现了中国人对时间的理解。

如果可以穿越到古代，溯源节气，试着和古人对话，你想说些什么呢？不妨向古人学习，开启自己的节气观察之旅吧！

小活动

制作自己的节气观察表

利用尺子、铅笔、桌面做简易圭表，通过对每个节气的观察和数据记录，开启二十四节气的探索之旅吧！（注：日影长度以正午测量的铅笔的影长为标准）

二十四节气观察表							
观测地点：				姓名：			
节气	日期	日出时间	日落时间	日照时间	日影长度	温度	穿衣
立春							
雨水							
惊蛰							
春分							
清明							
谷雨							
立夏							
小满							
芒种							
夏至							
小暑							
大暑							
立秋							
处暑							
白露							
秋分							
寒露							
霜降							
立冬							
小雪							
大雪							
冬至							
小寒							
大寒							

第二节　巧识节气的类别

二十四节气是我国农历的重要组成部分。农历是我国传统历法，又称“夏历”“华历”，是一种阴阳合历。而我国现行的日历是公历，它是太阳历的一种，是当今世界上大多数人都在使用的历法。

二十四节气作为一种符合自然变化的科学结论，它既可以指导农业生产，也能帮助人们更好地感知大自然的周期性变化，让人们更好地领略自然之美。

二十四节气各自的特点

季节	节气	节气特点
春	立春	自然界中的万物开始复苏，意味着春天即将到来
	雨水	降雨开始，雨量逐渐增多
	惊蛰	春雷萌动，蛰虫开始苏醒
	春分	每年的 3 月 20 日或 21 日，这一天昼夜平分
	清明	在这一天，人们会进行扫墓、烧纸、祭祖、祈福、踏青等活动，还会吃清明粥、青团等食物
	谷雨	雨生百谷，雨量充沛而及时，谷类作物得以茁壮成长
夏	立夏	夏季的第一个节气，是夏季的开始
	小满	麦类等夏熟作物籽粒开始变得饱满，但还未成熟
	芒种	麦类作物开始成熟
	夏至	每年的 6 月 21 日或 22 日，是一年中白昼最长的一天
	小暑	在这一天，人们会吃凉粉、西瓜等，同时也要做好防暑降温的措施
	大暑	每年的 7 月 22 日或 23 日，意味着一年中气温最高的时候就要到来

（续表）

季节	节气	节气特点
秋	立秋	秋天的开始
	处暑	天气开始转凉，热浪逐渐消散
	白露	露凝而白，天气转凉
	秋分	每年的 9 月 22 日或 23 日，又一次昼夜平分
	寒露	露水已寒，将要结冰
	霜降	开始有霜，天气渐冷，意味着秋天结束
冬	立冬	意味着冬季开始
	小雪	天气开始变得寒冷，会有降雪
	大雪	降雪量增多，地面可能积雪
	冬至	一年中黑夜最长、白天最短的一天
	小寒	天气的寒冷程度逐渐加深
	大寒	一年中最后一个节气，意味着一年中最冷的时候就要到来

除了将二十四节气按照四季进行归类，我们还可以按照节气所体现的不同功能特点来给二十四节气归类。

1. 反映寒来暑往变化。有立春、春分、立夏、夏至、立秋、秋分、立冬和冬至 8 个节气。

2. 反映温度升降。有小暑、大暑、处暑、小寒和大寒 5 个节气。

3. 反映降水量。有雨水、谷雨、白露、寒露、霜降、小雪和大雪 7 个节气。

4. 根据物候来确定农事活动。有惊蛰、清明、小满和芒种 4 个节气。

小活动

仔细观察下面这些与二十四节气有关的图片，将图片和对应的节气连在一起吧！

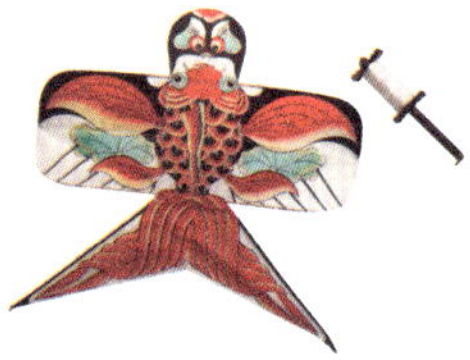

冬至　　芒种　　清明　　夏至

第三节　现代生活与节气

二十四节气除了是古时农业生产的“指南针”，也是民俗文化的风向标。清明放风筝，冬至吃饺子……人们赋予了二十四节气充满乐趣的生活气息。

吃饺子

资料卡

二十四节气歌（物候）

立春梅花分外艳，雨水红杏花开鲜；惊蛰芦林闻雷报，春分蝴蝶舞花间。
清明风筝放断线，谷雨嫩茶翡翠连，立夏桑果像樱桃，小满养蚕又种田。
芒种玉秧放庭前，夏至稻花如白练；小暑风催早豆熟，大暑池畔赏红莲。
立秋知了催人眠，处暑葵花笑开颜；白露燕归又来雁，秋分丹桂香满园。
寒露菜苗田间绿，霜降芦花飘满天；立冬报喜献三瑞，小雪鹅毛片片飞。
大雪寒梅迎风狂，冬至瑞雪兆丰年；小寒游子思乡归，大寒岁底庆团圆。

二十四节气的特点

“春分到，蛋儿俏”“冬至到，家家户户吃水饺”“不吃饺子冻耳朵”，我们的节气与节日、民俗之间始终保持着紧密联系。从某种程度上说，冬至等节气已经有了节日的内涵，承载着不同地域的传统习俗、饮食风尚。

在农业生产上，至今我们还遵循着很多农谚的指导，调节各种劳作的时间分配，比如“春不种，秋无收”“立夏不下雨，犁耙高挂起”“清明前后，种瓜点豆”等。

丰收的秋季，农民发自内心的喜悦

“秋分秋分，昼夜平分。”2018 年，第一个在国家层面专门为农民设立的节日——中国农民丰收节正式设立，时间定在每年的秋分日。秋分日既是昼夜长短变化的节点，也是“秋收万颗子”抢收抢种的丰收节点。中国农民丰收节设立在秋分日，突出了二十四节气指导农业生产的属性，丰富了秋分日的文化内涵，同时展现了中国自古以来重农固本的传统。

学习二十四节气最重要的是要了解它所反映的天文、时节、物候规律，以及与之相关的农事、风俗和节庆等。让节气融入我们的生活，才能真正体验生活的节律之美。

小活动

二十四节气农谚

1. 立春一日，百草回芽。
2. 立春雪水化一丈，打得麦子无处放。
3. 不懂二十四节气，不会管园种田地。
4. 清明前后，种瓜点豆。
5. 立夏东南百草风，几日几夜好天公。
6. 清明要晴，谷雨要淋。
7. 小暑种芝麻，当头一枝花。
8. 霜降不起葱，越长越要空。
9. 立冬无雨一冬晴。

第二章　春雨惊春清谷天

春　第一节　立春——四时之始

立春一候东风解冻（东风送暖，冰冻的大地开始解冻）；二候蛰虫始振（在寒冬沉睡的虫子们开始慢慢苏醒）；三候鱼陟负冰（河里的冰开始融化，鱼儿开始向上游动）。

“春天在哪里呀，春天在哪里，春天在那青翠的山林里……”草芽萌动、万物复苏，在人们眼中，春天是一个充满希望的季节，象征着崭新的开始。

资料卡

初春、仲春、暮春

按照农历，春天可细分为初春、仲春、暮春。初春即农历正月，又叫孟春、早春，具体指立春至惊蛰这段时间，是植物萌芽、动物繁育、农夫播种的季节。仲春即农历二月，因处春季之中，故称仲春。暮春指春季的末尾阶段，即农历三月，此时雨水较多，繁花凋落，绿叶成荫。

立春在古代是个重要的节日，被称作“春节”，但这个“春节”与我们现在所说的春节含义是不同的。同时，正月初一被称作“元日”或“元旦”。王安石的诗作《元日》——“爆竹声中一岁除，春风送暖入屠苏。千门万户曈曈日，总把新桃换旧符”写的就是农历正月初一。

春节挂饰

刚发芽的柳树

近代引入公历纪年后，“元旦”这个词被“送给”了公历1月1日，而“春节”这个词则被“送给”了农历正月初一。于是，“立春”就只有节气这一个身份了。

在农耕时代，立春是庄重的节日，国家要举办祈求农事顺利的仪典。《礼记·月令》中记载：“立春之日，天子亲帅三公、九卿、诸侯、大夫以迎春于东郊。还反，赏公卿、诸侯、大夫于朝。命相布德和令，行庆施惠，下及兆民。庆赐遂行，毋有不当。”

正是由于人们对立春这个节气的重视，很多与立春有关的习俗便诞生了，如九华立春祭、石阡说春、班春劝农等，它们都与创造美好生活、享受美好生活息息相关。

春为岁首，“一切都像刚睡醒的样子，欣欣然张开了眼”。一把木犁、一头牛、半匹红绸、响彻乡间的爆竹，以及各种

九华立春祭

宴饮与仪典，这些无不提醒着人们：春天来了，可以开始耕种了。

九华立春祭是浙江省衢州市柯城区九华乡妙源村比较完好地保留下来的传统立春习俗。

整场祭祀的高潮是鞭春牛活动。一位少年一边手持彩鞭鞭打春牛，一边唱《鞭春喝彩谣》，一位老农则在前面牵着披挂红绸与红花的耕牛，开启新春“第一耕”。随后，一颗颗种子撒向了犁过的土地，以示春播开始，新的一年，万象更新。

春官“说春”

“说春”是贵州省铜仁市石阡县侗族人民世代流传下来的一种民俗活动。在立春时节，有人装扮成“春官”说唱歌谣、劝农劳作，表达希望今年能风调雨顺、丰衣足食的美好祈愿。2011 年，“石阡说春”入选第三批国家级非物质文化遗产代表性项目名录。

“说春”分为“说正春”和“说野春”。“说正春”主要是说“二十四个农事节气”“渔樵耕读”，内容涵盖地理、人文等方方面面。“说野春”则灵活多变、不拘一格。

“班春劝农”活动

“班春劝农”也是一种鼓励农耕的活动。在浙江省丽水市遂昌县，传统的班春劝农仪式通常在春分或春分前举行。汤显祖的《牡丹亭》第八出“劝农”，就是当年汤显祖任遂昌知县时下乡劝农的写照。为纪念汤显祖，遂昌县自2006年起开始举办“汤显祖文化·劝农节”，遂昌人对汤显祖文化的尊崇和热爱，早已融入了他们的日常生活中。

内乡打春牛是河南省南阳市内乡县世代传承的立春节气习俗。打春牛活动由祭春、迎春、打春、闹春、送春等多个环节组成，其间，人们会游街闹春、送“春鸡”、送春饼等。内乡打春牛习俗具有较高的文化和艺术价值。

“春日春盘细生菜，忽忆两京梅发时。”据说，在立春这一天，咬食“春盘”、春饼、萝卜等，有养生之效。“春盘”源自汉魏的“五辛盘”，即在盘中盛上五种辛辣味的蔬菜，作为凉菜食用。李时珍的《本草纲目》中记载：“五辛菜，乃元日、立春以葱、蒜、韭、蓼蒿、芥辛嫩之菜，杂和食之，取迎

内乡打春牛习俗活动现场

咬春

新之意，谓之五辛盘。”而春饼则是用开水烫面揉制，再放入平底锅烙成的圆形薄饼，常裹卷萝卜细丝和其他辛味蔬菜共食，是立春有代表性的美食之一。

小活动

革新“立春”

立春之际，古人会开展多姿多彩的迎春活动，如送春帖、贴春条、戴彩胜等。文人会书写字迹工整、秀丽的春帖子，并相互赠送。北宋欧阳修写有《春帖子词二十首》，其中一首曰：“气候三阳始，勾萌万物新。雷声初发号，天下已知春。”在民间，人们在炕头贴春条：“春天春日春水流，春草地上放春牛，春花开在春园内，春鸟喜落春树头。”而戴彩胜则是指女子将彩色的绢或纸剪成小幡、燕、蝶、花朵等形状，戴于头上，以示迎春。

随着时代的发展，我们还可以进行哪些立春的活动呢？开动脑筋想一想吧！

第二节　雨水——天街小雨

雨水一候獭祭鱼（水獭把鱼咬死后放到岸边，依次排列，像是祭祀一般）；二候鸿雁来（大雁开始从南方飞回北方）；三候草木萌动（草木开始抽出嫩芽）。

“好雨知时节，当春乃发生。”如何理解杜甫笔下的“好雨”？这就不得不了解一下与之相关的节气知识了。

这一节气便是雨水。

雨水节气始于冰雪消融。冰雪融化后，有的雪水渗入地下，有的雪水汇入江河，还有的雪水蒸发，在天上成云致雨。雨水和谷雨、小雪、大雪等节气一样，都是反映降水现象的节气。

“雨水有雨庄稼好，大麦小麦粒粒饱。”有水，便可下秧；雨落，便有希望。

春雨

当万物被“润之以风雨”，气象意义上的春天也就正式来临了。因此，雨水被认为是生意盎然的节气，正是有了雨水，才有了“晓看红湿处，花重锦官城”的欣欣向荣。

雨水时节，太阳的直射点在慢慢地由南回归线向赤道靠近。此时，南方大部分地区的平均气温会升到10℃以上，桃李含苞，玉兰花开。而北方则正值“七九河开，八九燕来”

的阶段，大部分地区气温回升到0℃以上，但冷空气依然活跃，昼夜温差较大，所以此时建议人们还是要继续采取“春捂”的保暖措施，预防“倒春寒”现象的发生哦！

忙春耕

雨水节气的到来意味着降雨开始、雨量渐增。俗话说“春雨贵如油”，适宜的降水对农作物的生长很重要。

雨水至，春耕忙，此时正是南方准备春耕春播的好时机。农民忙着翻田，将杂草等深埋地下，杂草经雨水一泡，正是农作物最好的有机肥。

作为春耕初始的重要节气，雨水当天，华南稻作地区的农户人家往往通过爆炒糯谷预测收成的好坏。爆出的糯谷米花越多，意味着收成越好。这一传统习俗被称作“占稻色”。

晾晒糯谷

“回娘屋”是流行于四川一带的风俗。到了雨水节气，出嫁的女儿会纷纷带上罐罐肉、椅子等礼物回娘家拜望父母，感谢父母的养育之恩。

罐罐肉

小活动

画出心中的“春雨”

有人说“细”是春雨的形状。杜甫有“细雨鱼儿出，微风燕子斜”的诗句。朱自清有“看，像牛毛，像花针，像细丝，密密地斜织着，人家屋顶上全笼着一层薄烟”的描述。

也有人认为“润”是春雨的品格。杜甫讲春雨是“随风潜入夜，润物细无声”。韩愈描述春雨的景色是“天街小雨润如酥，草色遥看近却无”。

你心中的“春雨”是什么样的？
试着画出来吧！

第三节　惊蛰——春雷作动

惊蛰一候桃始华（桃花盛开）；二候仓庚鸣（“仓庚”即黄鹂，黄鹂鸟开始鸣叫）；三候鹰化为鸠（古人看到老鹰减少了，鸠多了起来，就误以为这些鸠是由老鹰变化而来的。其实是鹰在这时回巢繁育后代，而鸠在这时出巢开始鸣叫求偶，这两个现象同时出现，就形成了“鹰化为鸠”的假象）。

你能想到的蛰虫有哪些？

资料卡

蛰虫

立春时蛰虫苏醒，还没“起床”，伸伸懒腰。

春分时蛰虫“起床”，“洗漱”完毕，出门游玩。

秋分时天凉，蛰虫犯困了，不愿出门。

霜降时天冷，蛰虫吃饱喝足，进入梦乡。

在寒冷的冬季环境中，食物难寻，低温、风雪对许多动物来说也是极大的生存考验。为了节省能量顺利过冬，很多动物会选择冬眠，等待春季来临时再出来活动。而动物们醒来的时间，就是惊蛰时节。

现在，人类通过查看日历或网络消息推送等方式得知惊蛰节气的到来，那么，小动物们是如何知道什么时候是惊蛰的呢？

从字面上来看，惊蛰的意思是春雷始鸣，惊醒蛰伏于地下越冬的虫豸。从气象特点上来看，惊蛰前后，气温回升加快，雨水增多，这使空气中的水汽逐渐充沛，云量增多。云中正负电荷激烈摩擦，使春雷响彻天际。不过，由于我国幅员辽阔，各地春雷发生的时间并不一致。纬度越高、大气越干冷，春雷发生的时间越迟。所以，在惊蛰节气，生活在我国江淮、江汉地区及重庆市的人们可以听到春雷。

而所谓的“春雷惊百虫”，是古人对物候现象成因的一种误解。其实，在地下冬眠的虫豸是听不到雷声的，真正让它们结束冬眠、重回地面活动的原因是气温的回升。

接下来，我们了解一些有关惊蛰的历史知识吧！你知道“惊蛰”原来的名字叫作“启蛰”吗？公元前 157 年，汉景帝刘启即位，为避刘启的名讳，故将“启”字改为了“惊”字。

“到了惊蛰节，锄头不停歇”。中国农民自古就重视惊蛰节气，把它视作春耕的开始。惊蛰到，田间地头无不呈现出一派繁忙的景象。惊蛰过后，不论是植物还是动物，都有了新的活力。可以说，惊蛰唤醒了春天，也唤醒了人们心中美好的梦。

在古人的观念中，老虎是既可怕又可敬的动物，传说白虎会在惊蛰时出来觅食。为了保平安，古时的人们会用纸制作一只“纸老虎”，来完成祭白虎的仪式。

纸老虎

惊蛰到，百虫苏，百虫之中有许多会危害到人类健康和农业生产的害虫，因此人们便想方设法消灭它们，惊蛰时节就是驱除害虫的好时机。例如唐代孙思邈在《千金月令》中就曾提到惊蛰日撒灰驱虫的做法：“惊蛰日，取石灰糁门限外，可绝虫蚁。”广西龙胜各族自治县龙脊镇大柳村瑶族人民还会举行传统的驱“蛰虫”日的活动。活动当日，全村男女老少走到田间地头舞起草龙，祈福新的一年风调雨顺、五谷丰收。

舞起草龙来祈福

“炒虫”并不是炒真的虫子，而是把芝麻、黄豆等放在锅中爆炒，然后全家人聚在一起享用“炒虫”，寓意着人畜无病、庄稼无害。

芝麻

黄豆

梨

惊蛰后天气变暖，人容易口干舌燥、外感咳嗽。梨有润肺止咳、滋阴清热的功效，又因为“梨”与“离”谐音，所以惊蛰时节吃梨也象征着远离虫害。

小活动

有科学道理吗？

有人说，在惊蛰这一天，会有许许多多奇怪的事情发生。而这些事的始作俑者，是长相古怪、脾气暴躁的雷神。

惊蛰一到，雷神便开始巡视人间大地。他呵斥贪睡的小虫，叫醒冬眠的猛兽。

雷神到来之前，蝴蝶的蛹在沉睡。当雷神把腰间的大鼓敲得隆隆作响时，它头顶的壳无声地裂开，一只小小的、湿漉漉的蝴蝶挣扎着爬了出来。

蝴蝶飞向天空的时候，雷神已把春意传递至世间每一个角落，所有藏身于阴暗之处的小虫和“不祥之物”，全都现身人间。所以，当人们听到第一声春雷的时候，都要抖一抖衣衫。

古老历法认为：瘟疫始于大雪，发于冬至，生于小寒，长于大寒，盛于立春，弱于雨水，衰于惊蛰，完于春分，灭于清明。你认为这种说法有科学依据吗？和身边的人一起讨论吧！

第四节　春分——无边光景

春分一候玄鸟至（天气持续变暖，燕子从南方飞回北方，开始筑巢繁育）；二候雷乃发声（春雨和轰鸣的雷声变得频繁）；三候始电（下雨时，闪电也成了经常出现的天气现象）。

资料卡

玄鸟，即燕子。“无可奈何花落去，似曾相识燕归来。”在古人看来，燕子是时间的信使，春分归，秋分去。

在三皇五帝的神话时代，玄鸟与凤鸟、青鸟、伯劳、丹鸟一样，被视为少昊部落的图腾。至商代，玄鸟更被视为该部落的始祖，让中国人自古即有仲春燕子归来，带来生命种子的美好期待。

“小燕子，穿花衣，年年春天来这里。”春分是中国古代最早确立的节气，是一个充满希望和生机的节气，有“春分春分，百草返青”之说。

“春分麦起身，一刻值千金。”春分是指导农事活动的重要节气，人们在此时移栽花木、嫁接果树。我国确定3月12日为植树节，就是基于春分的节气时令。

春分，古称“日中”“日夜分”，它是时间的天平，将春季一分为二；它是昼夜的标尺，精准划分白昼与黑夜；它还是寒暑的界碑，宣告寒冬的远去，暖春的降临。春分，不仅是一个充满趣味与诗意的节气，更是大地蓬勃生机的盛大开篇。它象征着中国人自古对“天道均平”的执着追求，也孕育着我们迈向“春华”的喜悦与希望。

春分也是长养的季节，此时百草丛生，野菜遍地。人们在郊外采集各色宜食的野菜，以补益身心。步入春分，让我们一起迎接大好春光吧！

春分水墨画

安仁赶分社

湖南省郴州市安仁县民众在每年农历春分前后都会举办“赶分社”活动，全国各地的民众、客商在安仁县进行农具、药材等商品交易。

传说炎帝神农在这一带发明农具、开田教耕、始尝百草，造福了无数百姓。因此，祭神农、祈谷丰、兴药市，成了安仁世代相袭的民间传统。

生长在田埂边、坡地间、树丛下的各种野菜是春天的馈赠。春分时节，人们采撷春季野菜，将它们凉拌、清炒、拌馅儿或和面食用。在我国岭南地区，每逢春分，人们会采摘并食用“春菜”（一种野苋菜），以祈求家宅安宁、身壮力健。

你知道的野菜有哪些？

挖野菜

“春分到，蛋儿俏。”竖蛋，也称“立蛋”。据史料记载，春分竖蛋的传统起源于4000年前的中国，人们以此庆祝春天的来临。我国很多地方在春分都会举行竖蛋比赛。古时，人们觉得竖蛋只有在春分才能成功，但其实只要有耐心并掌握了正确方法，任何一天都有机会成功。查阅资料，看看竖蛋有什么小技巧，然后你也试试竖蛋吧！

竖蛋

春分时节，在部分地区的习俗中，家里会做米糕或汤团，除自家食用之外，还要特意做上一些没有馅儿的糯米团子，用竹签串上，插在田间地头，供鸟雀食用。这是希望它们吃了之后少祸害庄稼。

汤圆

春牛水墨画

春分揭开了新一年耕种的序幕，耕牛也即将开始新一年的劳作。过去，有人在春分之日挨家送春牛图。所谓春牛图，就是在二开大小的红纸或黄纸上印上全年农历节气和农夫耕田的图案。送春牛图时，送图者还要说些有关春耕和不违农时的吉祥话，表达期盼五谷丰登的美好心愿。

春分祭日，秋分祭月。日坛又称“朝日坛”，坐落在北京市朝阳区朝阳门外日坛北路，是明、清两代皇帝在春分日祭祀太阳的地方。

北京日坛公园再现清代日坛祭日典仪

小活动

“儿童散学归来早，忙趁东风放纸鸢。”春分一到，草长莺飞，正是放风筝的好时间。小朋友们和父母一道走出家门，沐浴春光，奔跑着放飞风筝，与生机勃勃的春天相得益彰！试着和父母一起做一只风筝，并让风筝飞起来吧！

放风筝

春 第五节　清明——清洁明净

清明一候桐始华（桐花开始绽放）；二候田鼠化为鴽（喜阴的田鼠躲回洞穴之中，鴽鹑开始出来活动了）；三候虹始见（雨后开始出现美丽的彩虹）。

清明

资料卡

《清明》

[唐]杜牧

清明时节雨纷纷，路上行人欲断魂。
借问酒家何处有？牧童遥指杏花村。

《寒食》

[唐]韩翃

春城无处不飞花，寒食东风御柳斜。
日暮汉宫传蜡烛，轻烟散入五侯家。

清明既是节气，又是节日。作为节气的清明，是春耕春种的大好时机；作为节日的清明，是我国的传统节日，是祭祖、扫墓及缅怀先人的日子，又被称为踏青节、行清节、祭祖节等。

清明节源自上古时代的祖先信仰与春祭礼俗。古人认为，生命延续的力量来自亡故的祖先，春天应该祈求祖先赐予生命的种子。清明节融汇了寒食与上巳的诸多习俗，完成了中国古代节日体系当中最大规模的“兼并重组”。于是，景色清明的清明，也是踏青寻春的清明，更是慎终追远的清明。

古时的清明节有很多习俗，除禁火、寒食、扫墓之外，还有踏青、植树、放风筝、插柳条等传统活动。

扫墓

清明节是扫墓祭祖的肃穆节日。人们不仅祭祀自己的祖先，还要缅怀历史上那些为人民做过贡献的人，他们同样值得我们崇敬和纪念。

踏青又叫春游，古时叫探春、寻春等。清明节祭祖活动往往在郊外进行，人们便把祭祖扫墓和郊游踏青结合起来，既能追思先人，又活跃了身心。

踏青

放风筝

放风筝也是清明时节人们喜爱的活动。有的人把风筝放飞到天空后，便剪断牵线，任凭清风把风筝送往天涯海角，象征着自己的坏运气也会随风筝一起飞走。

青团

青团又叫艾团，颜色浓绿如玉，味道清香，吃起来甜而不腻，是流行于江浙一带的特色小吃，也是清明时节的一道传统点心。

青团的绿色来自纯天然的草汁。不同地方制作草汁的原料不同，有用鼠曲草的，有用艾草的，还有用浆麦草的。青团内的馅料也是多种多样，甜甜的豆沙和莲蓉、咸香的鱿鱼干和腊肉，一口咬下去，清爽美味。

小活动

清明风俗活动

清明成为纪念祖先、踏青赏景的节日与寒食节有关。寒食节就在清明节前一天（另一种说法是在清明节前两天），最开始的习俗只是禁烟火、吃冷食，随着时间的推移，寒食节又加入了祭扫、踏青、荡秋千、蹴鞠等风俗活动。

后来，清明节还吸收了另外一个较早出现的节日——上巳节的风俗内容。古时以农历三月上旬巳日为“上巳”，魏晋以后，上巳节改为农历三月初三，主要活动是祓禊（到水边洗濯，以祈福消灾）。

约从唐代开始，由于人们习惯清明都前往郊外去扫墓，在哀悼祖先之余，顺便在明媚的春光里踏上青青原野，所以清明节也被人们称作踏青节。宋元时期，清明逐步成为一个以祭祖扫墓为主要目的，将寒食风俗与上巳祓禊等活动相融合的传统节日。

清明的雨，心底的泪。清明遥寄哀思，和家人聊聊已故的亲人吧。

春 第六节　谷雨——雨生百谷

谷雨一候萍始生（谷雨后降雨量增多，浮萍开始生长）；二候鸣鸠拂其羽（布谷鸟开始梳理羽毛并鸣叫，提醒人们播种）；三候戴胜降于桑（桑树上可以见到戴胜鸟了，这是蚕宝宝将要快速生长的信号）。

资料卡

谷雨传说

相传，数千年前，仓颉游历名山大川，上观星辰云雨，下观山川河海、飞禽走兽，从而创造出了文字。于是，上天降下谷子雨，以奖励仓颉的功绩。后来，人们把这一天称为“谷雨”，称仓颉为“文字始祖”。2010 年，联合国新闻部（现全球传播部）为了纪念仓颉造字的伟大贡献，将中国的传统节气“谷雨”设立为“联合国中文日”。

“雨生百谷夏将至，暮春韶光正当时。”谷雨是春季的最后一个节气，它的到来，意味着寒潮天气基本结束，万物生长迎来最佳时节。“谷雨春光晓，山川黛色青。叶间鸣戴胜，泽水长浮萍。暖屋生蚕蚁，喧风引麦葶。鸣鸠徒拂羽，信矣不堪听。”元稹的这首《咏廿四气诗》描述的正是谷雨时节的风物。

雨中耕作

“谷雨是旺汛，一刻值千金。”对于以种田为生的农民而言，谷雨便是丰收之梦开始的地方。此时田中秧苗初插、作物新种，最需要雨水的滋润。谷雨一到，春雨便洋洋洒洒地从空中降下，落在秧苗上，人们便开始期待秋天丰收时节的到来了。

雨生百谷，故曰谷雨。虽然一到谷雨，暮春将尽，初夏将至，但天地间仍是一片欣欣向荣的景象，我们还是要多多走出家门，去户外体验大自然的美好，在谷雨的滋润下，多一份向下扎根、向阳而生的笃定。

牡丹

“唯有牡丹真国色，花开时节动京城。”谷雨前后是牡丹花开的重要时段，因此牡丹花又被称为“谷雨花”。我国谷雨时节赏牡丹的传统已绵延千年，如今，山东菏泽、河南洛阳、四川彭州等地每年都会在谷雨时节举行牡丹花会，吸引游客观赏。

采摘谷雨茶

南方茶区谷雨时节采制的谷雨茶，是一年中的茶之精品。谷雨茶除纯嫩芽的品种外，还有一芽一嫩叶的或一芽两嫩叶的品种。一芽一嫩叶的茶叶泡在水里像展开旌旗的古代的枪，因而得名“旗枪”；一芽两嫩叶的茶叶泡在水里则像雀类的舌头，则被称为“雀舌”。

“雨前香椿嫩如丝，雨后椿芽生木质。”据说早在汉朝，我们的祖先就有食用香椿的习惯，香椿甚至曾和博得“一骑红尘妃子笑”赞誉的荔枝一起作为南北两大贡品，深受王宫贵族喜爱。谷雨时节的香椿，最是鲜嫩可口、脆软留香。人们把春天采摘、食用香椿说成是“吃春（音同“椿”）”。

香椿

对于渔民而言，谷雨时节正是下海捕鱼的好时候。俗话说：“过了谷雨，百鱼近岸。”谷雨时节，渔民会举行祭海活动，祈求海神保佑出海平安、满载而归。这一习俗在今天山东胶东半岛荣成一带仍然流行。

谷雨节气，沿海渔民祭海祈福

清明祭黄帝，谷雨祭仓颉。几千年来，人们一直感念仓颉造字对后世我国的人文发展所做出的杰出贡献。如今，每逢谷雨，陕西省渭南市白水县都会举办祭祀仓颉的典礼。典礼按照列入陕西省级非物质文化遗产保护名录中的“谷雨祭祀仓颉典礼”九规制举行，以表达中华民族文脉永续、文明源远流长，炎黄子孙根脉传承、高山仰止的共同心声。

谷雨祭仓颉典礼现场

小活动

杜鹃啼血

谷雨之后，布谷鸟用一声声的“咕咕，咕咕”提醒人们开始播种了。布谷鸟，又被称作杜鹃，是不是很耳熟？有一种花也叫杜鹃。关于杜鹃鸟和杜鹃花，还有一个经典的传说故事。

传说蜀国有个国王，名为望帝。望帝心系百姓，常常带领百姓开垦荒地、种植五谷，深受百姓爱戴。后来，望帝把自己的王位禅让给了功臣鳖灵（又称丛帝）。然而，鳖灵取得王位后，却变得居功自傲、独断专行。

望帝觉得自己有责任去帮助丛帝“清醒”过来，治理好天下。于是，他化成一只杜鹃鸟飞进宫中，把爱民安天下的道理告诉丛帝。这只杜鹃鸟总是昼夜不停地叫道：“民贵呀！民贵呀！”它的啼叫声感人至深，以至于啼出了血，把嘴巴都染红了。而它的血染红的花，就叫作杜鹃花。

邀请身边的人一起来编排一出“杜鹃啼血”的小短剧吧！

杜鹃鸟与杜鹃花

第三章　夏满芒夏暑相连

夏 第一节　立夏——万物并秀

立夏一候蝼蛄鸣（蝼蛄鸣叫，表示夏天已到）；二候蚯蚓出（蚯蚓开始翻动泥土）；三候王瓜生（王瓜快速地攀爬生长）。

立夏

资料卡

立夏与火神祝融

传说掌管夏季的天神是火神祝融。每年的立夏，天子都要到南郊七里之外去祭祀祝融，期望他能保佑整个夏季的平安。因为祝融是火神，所以前去祭祀他的人要乘红车、骑赤马、穿朱衣，甚至腰间佩戴的玉都需要是红色的。

立夏是夏季的第一个节气，与立春、立秋、立冬并称“四立”，代表着季节的转换与过渡。古人所说的“立夏”，含“万物至此皆长大”之意。随着日照和雨水的增加，以及气温逐渐升高，农作物和其他各种绿植开始茁壮成长。

你还知道哪些关于立夏的诗？

《小池》

［宋］杨万里

泉眼无声惜细流，
树阴照水爱晴柔。
小荷才露尖尖角，
早有蜻蜓立上头。

小荷才露尖尖角，早有蜻蜓立上头

立夏，也称“春尽日”。古人认为，夏季是阳气高涨的季节，迎夏与度夏是夏季时令风俗活动的主要内容。据记载，立夏时，古代帝王要率领文武百官前往京城南郊，举行迎夏仪式。君臣一律穿朱色礼服，配朱色玉佩，就连马匹、车旗都要选用朱色的，以表达期待丰收的美好愿望。

春争日，夏争时。立夏，好似世间万物的一场盛大狂欢，花儿、草儿、鸟儿、虫儿从立夏开始，都将恣意生长！

围绕立夏，人们创造了很多有意思的习俗活动，比如称重、吃蛋、尝新等，涉及饮食和游戏等多个方面。

乌米饭

浙江省杭州市拱墅区半山一带是立夏习俗的主要传承地。半山立夏习俗主要包括吃乌米饭、采摘蚕豆、烧“野米饭”、称人等。

立夏日，人们要“见三新”，意思是要在立夏时节享用刚长出来的鲜嫩食物，这一习俗在江浙一带也被称为“尝三鲜”。“三鲜”的说法各地并不统一，大体上有“地三鲜”“树三鲜”和“水三鲜”之分。“地三鲜”一般指的是蚕豆、苋菜和黄瓜；“树三鲜”一般指的是樱桃、枇杷和杏子；“水三鲜”一般指的是海蛳、河鲀和鲥鱼。另外，在江南一带，人们把樱桃、青梅和麦子合称“立夏三鲜”。

樱桃

麦子

青梅

“谷雨三朝看牡丹，立夏三朝看芍药。”芍药被人们赞誉为“花仙”“花相”或“五月花神”，和牡丹并称为“花中二绝”。《红楼梦》中“憨湘云醉眠芍药裀”描绘的就是一幅名花和美人相互映衬的柔美画面。

芍药

立夏，在浙江省嵊州市，人们会在村口或台门里挂起一杆大木秤，秤盘中放一把凳子，人坐在凳子上进行称重。司秤人一面打秤花，一面讲着吉利话。据说，立夏之日称了体重后，人就不怕因夏季炎热不思饮食而变得消瘦了。

称重

小活动

谁是“斗蛋大王”？

“立夏斗蛋吃蛋”的习俗由来已久。古人认为，鸡蛋光滑圆润，象征着生活的圆满。立夏日吃鸡蛋能保佑夏日平安。而从现代营养学的角度看，鸡蛋营养丰富，含有蛋白质、维生素、不饱和脂肪酸和多种矿物质等，可以补充身体所需营养，很适合在容易外热内寒、没有食欲的夏天食用。

立夏前，江浙一带的人们会用五彩线编成漂亮的彩绳，然后在立夏时将其系在小孩子的手腕上，寓意平安。五彩线还可以用来编织蛋套。人们会在蛋套里装入煮熟的鸡蛋或鸭蛋，然后把它挂在小孩子的脖子上。

小孩子们在立夏时会玩“斗蛋”游戏，规则是“比比谁的蛋壳硬”。大家各自手持鸡蛋，尖处为头，圆处为尾，蛋头撞蛋头，蛋尾击蛋尾，斗破壳者认输，然后把鸡蛋吃掉，而最后留下的鸡蛋则被尊为“蛋王”。

和朋友们一起在立夏日彩绘一些“立夏蛋”，并比一比谁是“斗蛋大王”吧！

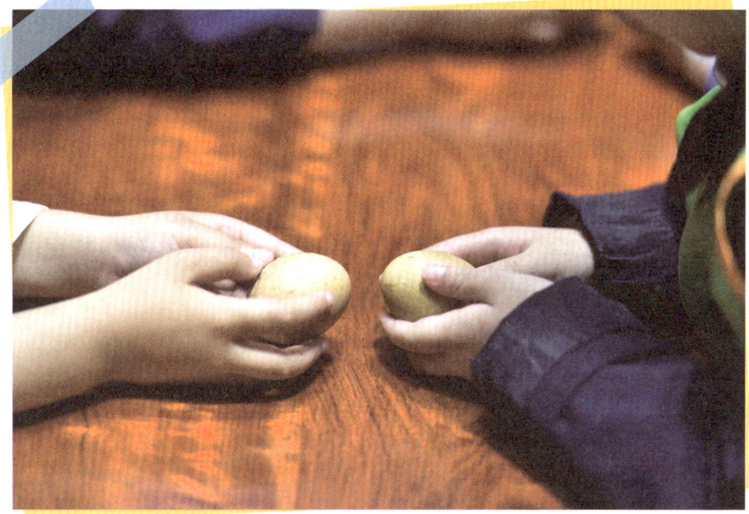

斗蛋

彩绘“立夏蛋”

夏 第二节　小满——小得盈满

小满一候苦菜秀（苦菜繁茂，可以食用了）；二候靡草死（喜阴的一些枝条草类耐不住日光照射，逐渐枯萎）；三候麦秋至（麦子开始由青转黄）。

小满

资料卡

“小满”有两层含义，一层含义与水有关，意为因降雨多，江河渐满；另一层含义是小麦之类的谷物开始灌浆。

小与大相对，节气中有小暑，也有大暑；有小雪，也有大雪；有小寒，也有大寒。唯独有小满，没有大满，这是为什么呢？“月满则亏，水满则溢”，中国人对“满”充满了警惕，认为“满招损，谦受益”，小满未满，未满将满，这是一个未到收获的季节但又孕育着丰收希望的时间节点。

小满名字的来历和雨水及农作物有关。我国南方和北方气候有所差异。在小满时节，南方地区往往降雨频繁，而且强降雨较多，雨水丰沛，会直接导致“小满小满，江河水满”。而北方地区则广泛流传着“小满小满，麦粒渐满”的说法。因为小满到来时，北方地区的小麦等作物已趋于饱满，丰收在即。基于对这些自然现象的观察和种植经验的积累，再加上对“满”的警惕，人们便把这个节气命名为“小满”。

时至今日，“小得盈满”的从容喜悦和对丰收与美好生活的企盼，依然滋润着我们的心灵。凡事避免过度追求完美，“小满”即是圆满。

“小满动三车，忙得不知他。”民谚所说的“三车”是指水车、油车和丝车。古人相信万物皆有灵，“三车”对应三位“车神”，小满时节有祭车神的习俗。人们在祭车神时，会在

水车

水车上放鱼肉、香烛等物品，还会在祭拜时准备一杯清水泼入田中，祈愿水源涌旺。

相传小满为蚕神诞辰，到了小满，蚕宝宝就不再吃桑叶，开始吐丝结茧。为了避免鲜茧出蛾无法缫丝造成的损失，养蚕的农户会争分夺秒地摇起丝车，煮茧制丝，昼夜不停。旧时，养蚕人家依靠售茧卖丝获得丰厚收益，因此在织造盛行的江浙一带，人们会在小满节气期间举办“祈蚕节”，祈愿收获丰厚。

你养过蚕吗？你知道“蚕的一生”是怎样度过的吗？

蚕茧

说一说，你吃过哪些苦味菜？

小满是一个“吃苦”的时节。春风吹，苦菜长，荒滩野地是粮仓。苦菜是中国人最早食用的野菜之一。苦，是夏天的本味，适当吃一些苦味食物能够帮助我们消暑，并增加食欲。

“五月江南碧苍苍，蚕老枇杷黄。”五六月份时，正是三潭枇杷成熟的季节。新安江两岸青山连绵起伏，点点金黄的枇杷在枝头摇曳，映衬着白墙黑瓦的徽派民居，组成了一幅幅富有生活气息的舒适画面。

三潭枇杷

小活动

农谚里的小满

1. “小满大满江河满”

小满时节，南方地区降雨多、雨量大，如果此时北方冷空气深入，南方暖湿气流也十分强盛的话，华南一带就很容易形成暴雨或特大暴雨天气。因此，小满节气的后期往往是华南地区防汛的紧张阶段。

2. “小满不下，黄梅偏少”

如果小满节气期间太平洋上的副热带高压势力较弱、位置偏南，那就意味着长江中下游地区黄梅时节的降水可能偏少。

3. “小满不满，麦有一险”

黄河中下游地区的小麦在小满时节刚刚进入乳熟阶段，非常容易遭受干热风的侵害，从而导致小麦因灌浆不足、粒籽干瘪而减产。

类似的小满农谚还有很多，试着收集更多农谚，绘制自己的小满绘本吧！

夏 第三节　芒种——青梅煮酒

芒种一候螳螂生（幼螳螂破壳而出）；二候䴗始鸣（伯劳鸟开始叫了）；三候反舌无声（反舌鸟不叫了。据说这种鸟的舌头很灵活，能模仿其他鸟的鸣叫，所以又叫“百舌鸟”）。

芒种节气是农事耕种时机的分界点，由此进入到夏收、夏种、夏管的“三夏大忙”时节。此时，北方麦黄、江南秧绿，大江南北进入了“割麦插秧两头忙”的季节。

“芒种忙，麦子黄，好似龙口去夺粮。”芒种谐音“忙种”，有农事忙碌之意。然而，芒种之“忙”，不仅忙于“种”，更忙于“收”，因此有“芒种芒种，连收带种”的说法。芒种，不仅饱含着农民播撒的希望，也传递着农业丰收的喜悦。

一分耕耘，一分收获。芒种时节，农民的身影遍布希望的田野。这个挥汗如雨的大忙时节，用自然的节奏引领着劳动者的步履，让人们用辛勤的劳动与汗水收获果实、迎接希望，铺陈出一幅波澜壮阔的农业锦绣画卷。芒种时节的多彩文化图景，不仅呈现着中国农民的辛勤、智慧和期许，更昭

插秧种稻

示着中华农业文明能够绵延不绝、生生不息的基因密码。

为了祈求禾苗平安、农事顺利，安徽省绩溪县、歙县一带的农民在芒种节气插栽完水稻后，会择定一个辰日或寅日举行“安苗节”，奉请先祖汪华公神像在田间巡游，称为“汪公看稻”。同时，家家户户会制作包粿，将之供奉在田畈地头，并邀请四邻八舍、亲朋好友聚集一堂品尝安苗包粿。

每年芒种时节，正是浙江省云和县梅源山区云和梯田开犁耕种的季节，当地会举办“芒种开犁节”。相传，牛是天庭的饲草官，每年向人间播撒一次草籽。然而，有一年春旱，草种枯黄，牲畜奄奄一息。牛官对此心生恻

想一想，还有哪些节气和牛相关？

耕牛

隐，又一次偷偷播下草籽，结果野草疯长，虽然牲畜有了饲料，但农民无法耕种了。上天为惩罚牛官，令其下凡犁田。所以，梅源当地人又称“芒种开犁节”为“牛大王节”。

贵州东南部一带的侗族青年男女，每年芒种前后都要举办打泥巴仗节。节庆当天，男女青年边插秧边打闹，互扔泥巴。活动结束后，谁身上的泥巴最多，谁就是最受欢迎的人。

打泥巴仗

青梅煮酒，是江南地区典型的芒种节令饮食习俗。将青梅置于黄酒中，文火微温，或是温酒后再投入青梅，新鲜的果味伴着美酒的醇香在口中弥漫，回味无穷。《三国演义》中，刘备与曹操“盘置青梅，一樽煮酒。二人对坐，开怀畅饮”成就了“青梅煮酒论英雄”的典故。

青梅酒

资料卡

花神

古人相信有神祇专门管理人间百花，俗称为“花神”。

花神在春季下凡安排百花开放。而过了芒种，春天绽放的花朵开始凋谢，荫浓叶厚的盛夏即将来临，所以花神便选择芒种回天庭。百姓会在此时与花神饯别，感谢花神对人间的眷顾，期待明年再会。这一习俗在明清时期非常盛行。

《红楼梦》中记载，“尚古风俗：凡交芒种节的这日，都要设摆各色礼物，祭饯花神，言芒种一过，便是夏日了，众花皆卸，花神退位，须要饯行”。

你心中的花神是什么样子的？

小活动

我心中的“芒种”图景

芒种谐音“忙种”，言即农事忙碌之意。芒种之“忙”，不仅忙于“种”，更是忙在“收”。唐代诗人白居易写割麦：“田家少闲月，五月人倍忙。”南宋诗人陆游写插秧：“时雨及芒种，四野皆插秧。”插秧虽是辛苦的事，但连绵的绿色稻田是百姓生存的希望。

对于麦作区来说，芒种宜晴，农谚云：“芒种忙，麦子黄，好似龙口去夺粮”，这里的“龙口”指的是降雨，正是

“麦收有三怕，雨淋、冰雹、大风刮”的“头一怕”。久雨，不仅会增加小麦倒伏、霉烂的概率，还会影响收割及晾晒等一系列农事。

但于稻作区而言，芒种宜雨。浙江、贵州等地流传着“芒种落雨忙种田，芒种无雨空过年”的农谚，福建等地则有“芒种旱，扁担断”的说法。

芒种节气，分分秒秒都是宝贵的。有种有收，不种不收，人生也是这样。对你而言，你心中的“芒种”图景是什么样的呢？试着画出来吧！

第四节　夏至——蛙声阵阵

夏至一候鹿角解（鹿角脱落）；二候蝉始鸣（知了开始鸣叫。知了叫了，盛夏也就到了）；三候半夏生（半夏是一种喜阴的药草，因生发于农历五月，时值“夏季之半”，所以被称为半夏）。

夏至

资料卡

夏九九歌

夏至入头九，羽扇握在手；二九一十八，脱冠着罗纱；
三九二十七，出门汗欲滴；四九三十六，卷席露天宿；
五九四十五，炎秋似老虎；六九五十四，乘凉进庙祠；
七九六十三，床头摸被单；八九七十二，子夜寻棉被；
九九八十一，开柜拿棉衣。

夏至，古时又称“夏节”“夏至节”，是古人采用土圭测日影的方法最早确定下来的节气之一。此时正值麦收之际，自古便有祭神祭祖，以祈求五谷丰登、粮仓充实的习俗。

古人极为重视夏至，从周代开始，每逢夏至，朝廷都要举行祭神仪式，宋代时自夏至之日始，百官放假三天，回家“歇夏”。直到现在，我国部分地区仍然保留着在夏至前后拜神祭祖的传统，人们用新麦制成的面食来供奉祖先，并分享品尝，以表达尝新、感恩、祈求护佑之意。

地坛里的牌坊

国之大事，在祀与戎。在古代，祭祀神明和祖先是夏至日最重要的活动。夏至这一天，北半球日照时间达一年中最长，阳气极盛。因此，古人便选在这一天祭祀属于阴性的地祇，以祈求阴阳调和，风调雨顺，谷物丰收。坐落于北京安定门外的地坛，就是明清两代帝王夏至祭祀地祇的场所。

夏至以后，太阳直射地球的位置逐渐南移，北半球的白昼逐渐缩短。民间流传着“吃过夏至面，一天短一线”的谚语，说的就是过了夏至，白天越来越短。古代夜晚的照明工具不足以支持人们完成像针线活这样的细致工作，于是夏至后人们每天能做针线活的时间也在逐渐缩短，用的线也一天比一天少。

夏至面

夏至到，盛夏始。自此，自然界进入生命的旺季，绿色愈发浓郁，世间万物仿佛被注入蓬勃力量，以惊人的速度奋力生长。

“冬至饺子夏至面。”夏至时，新麦登场。人们在这一天吃面，有尝新麦、感恩自然馈赠之意。

古人云：“夏至食个荔，一年都无弊。”夏至时节，岭南地区刚从树上摘下的荔枝最为新鲜，水分丰盈、甜而不腻。

荔枝

夏至馄饨

夏至这天，住在江苏常州、无锡的人们早晨吃麦粥，中午吃馄饨，取“混沌和合”之意。有谚语说：“夏至馄饨冬至团，四季安康人团圆。”吃过馄饨，大人再为孩童称下体重，希望孩童能够健康长大。

石榴花是五月的代表，古人把五月称为“榴月”。唐代文学家、哲学家韩愈说：“五月榴花照眼明，枝间时见子初成。”鲜艳的石榴花不仅有使人眼前一亮的观赏价值，还具有药用价值，有收敛止泻、止汗止血的功效。

石榴花

延展性阅读

夏至说“至”

“长”是夏至的关键字。在夏至这一天，地球的北半球白昼时间达到最长，且越往北（纬度越高），昼越长。

夏至的“至”是什么意思呢？是“到来”的意思吗？其实，这里的“至”强调的是天文学意义上的“极致”，有两层含义。

一是北半球白昼时间在夏至这一天达到一年中最长。夏至当天，我国大部分地区日照时间为一年中最长，如哈尔滨日照时间在16小时左右，南京可达14小时，即便是在海口，也有13小时的日照时长。

二是太阳高度角最大。夏至这天，我国大部分地区太阳高度角达到了一年中的最大值。

如果说立夏为夏之始，那么夏至的到来则意味着火辣辣的夏天已经到来。

夏至是一年中最热的一天吗？夏至时，因为光照时间长、地表接收的太阳辐射充足，气温确实会比较高。但夏至之后，因太阳直射点将向南移动，继续“扫描”北半球，所以热量还会继续积蓄。所谓“夏至三庚数头伏”，中国古代的人们使用天干（共10个，分别是甲、乙、丙、丁、戊、己、庚、辛、壬、癸）、地支（共12个，分别是子、丑、寅、卯、辰、巳、午、未、申、酉、戌、亥）合并记载时间，从夏至起经过3个带“庚”字的日子，才会进入一年中最热的三伏天。入伏，代表着“长夏”的开始。三伏天是一年中气温最高且潮湿、闷热的一段日子。

小活动

制作夏至面

夏至这天吃面，是我国很多地方都有的习俗。北方人爱吃打卤面、炸酱面等，而南方人吃的面条品种就比较多了，如阳春面、热干面、云吞面、三鲜面等。

最香不过夏至面，试着在家制作你的特色夏至面吧！

夏 第五节　小暑——上蒸下煮

小暑一候温风至（进入小暑，温热之风至此而盛，难觅一丝凉风）；二候蟋蟀居宇（蟋蟀热得离开了田野，到庭院的墙角下避暑热）；三候鹰始鸷（老鹰因地面温度高而盘旋于凉爽的高空）。

西瓜和莲藕都是夏天的时令蔬果

“暑”有“炎热”的意思，虽然小暑时节并不是一年中最热的时候，但很多极端的高温纪录都诞生于小暑时节。小暑与夏至相比，其白昼时间变短，但是气温反而变高，很多地区的日平均气温会接近或超过30摄氏度。此时，即便是有风，也常常是裹挟着热浪的风，天地仿佛变成了“蒸笼”或“烤箱”，正如俗话所说“小暑大暑，上蒸下煮”。

小暑是二十四节气中的第十一个节气，也是夏天的第五个节气。俗话说：“小暑过，一日热三分。”小暑是天气变化多端的时节，有些地方多雨，防涝不能少；有些地方伏旱，抗旱也要早做准备。

小暑遇大热，既是对生理的折磨，也是对心理的磨砺。静中取定，戒躁戒怒，古人推崇的“心静自然凉”是有涵养、有智慧的体现。

当滚滚热浪奔向山林间、池塘边、草地旁，万物变得越发鲜活——荷花在池塘里热烈而肆意地生长着，争先探出水面，舒展着曼妙的身姿；树上的知了不知疲倦地鸣叫，用激昂的高歌讲述夏天的热情故事。北半球的万物在此时热情礼赞生命的美好。我们也是如此，游历在深山密林和一顷碧波

晒被子

之间，尽情享受夏日的快乐。

“小暑晒霉正当时”，因小暑时节阳光照射强且时间长，家家户户多会选择在这一时段把存放于箱柜里的衣物拿出来晒一晒，以除潮祛湿，防霉防蛀。

除了晒被子，很多人认为小暑晒书、晒画的防虫蛀效果也很好。

在江南一带，小暑有“食新”的习俗。在农村，农民先将新米做成饭后供祀五谷大神和祖先，然后再用新米酿成米酒。这个时节，我们还可以吃到新上市的苦瓜、丝瓜、茄子，品尝专属于夏天的味道。

米酒

“小暑一声雷，倒转做黄梅。”小暑开始，江淮流域梅雨季结束，即为“出梅”，又称为“断梅”。但若小暑节气出现打雷的气象，梅雨季节便会再次“光顾”，即“倒黄梅”。

落雨的屋檐

小活动

小暑避暑有妙招

王维说“赤日满天地，火云成山岳。草木尽焦卷，川泽皆竭涸”，陆游写“万瓦鳞鳞若火龙，日车不动汗珠融。无因羽翮氛埃外，坐觉蒸炊釜甑中”，他们字字句句都在表达对“热”的强烈感受。

“小暑不足畏，深居如退藏。”“何以销烦暑，端居一院中。”为了消暑，古人也是绞尽脑汁，“研发”出很多“神器”，如各式各样的扇子、冷饮、冰鉴、瓷枕、凉簟（凉席）等，这些“神器”在诗词中也有所体现，如“薄纱厨，轻羽扇。枕冷簟凉深院。”

“热散由心静，凉生为室空。”此佳句被众多文人雅士所推崇。面对卷天席地的滚滚热浪，夏日的清凉不见得在密林之中，而在内心深处。暑热不可避，人心却能静。沏上一壶新茶，手捧一本诗集，观日升日落，看云卷云舒，也是不错的避暑选择呢！

你有避暑小妙招吗？

夏　第六节　大暑——时有微凉

大暑一候腐草为萤（高温加速了潮湿地带草叶的腐化，与此同时，萤火虫总是在这些地方出现）；二候土润溽暑（土壤浸润，天气闷热，湿气很重）；三候大雨时行（急雨、暴雨、狂风骤雨等极端天气多有发生）。

“小暑不算热，大暑三伏天。”“竹深树密虫鸣处，时有微凉不是风。”大暑时节的到来意味着一年中最热的一段时间开始了。

一起去抓萤火虫

大暑是夏天的最后一个节气，正值三伏天中的中伏，是我国一年之中光照最多、气温最高、各大“火炉”城市最热的时期。大暑时节，我国除青藏高原及东北北部外，大部分地区天气炎热，35℃的高温天气屡见不鲜，特别是在长江中下游地区。

除了炎热，大暑时节也常会出现大雨。北方地区的雨季流行有“七下八上”之说，意思是大雨经常出现在七月下旬至八月上旬。大暑时节的高温对于部分农作物的生长十分有利，因此，大暑时节是这些农作物生长最快的时期。但与此同时，大暑时节也是旱、涝、台风等自然灾害发生频繁的时期。

大暑是农民一年之中抢收抢种、田间管理最为紧张、辛苦的时期。唐诗《悯农》写道：“锄禾日当午，汗滴禾下土。谁知盘中餐，粒粒皆辛苦。”这首诗描绘了炎夏烈日之下，劳动人民在田间劳作的辛苦场景。

没有经历过酷暑，哪能体会到凉爽的美好？没有耕耘，哪有收获？一粥一饭，当思来之不易；半丝半缕，恒念物力维艰。我们应始终提倡勤俭风尚，爱惜粮食！

山东枣庄一带有在大暑这一天“喝暑羊”（喝羊肉汤）的风俗。当地人认为，在大暑喝一碗加了辣椒、蒜等调料的羊肉汤可以开胃散寒。

羊肉汤

在山西、河南等地，三伏天时人们会把生姜切片或者榨汁后与红糖搅拌在一起，然后将其装入容器中并盖上纱布，再放在太阳下晾晒，名为“晒伏姜”。天气炎热，人们喜欢吃寒凉的食物，所以较容易出现腹胀、腹痛、腹泻等身体不适的情况，而食用伏姜会让人身体有发热的感觉，可缓解上述症状。

生姜

福建莆田一带的人们有大暑天吃荔枝、羊肉和米糟的习俗，亲友间也常以荔枝、羊肉作为礼品互赠，称为“过大暑”；广东很多地方在大暑时“吃仙草”。仙草又名凉粉草、仙人草，其茎叶晒干后可以做成烧仙草。现在年轻人爱喝的奶茶里有时也会加入烧仙草。

烧仙草

小活动

小暑、大暑，谁的“火力”更胜一筹？

小暑和大暑时节，全国范围内的平均气温相差不大，基本都在24.9摄氏度左右。

但在北方地区，大家经常争论“小暑大暑谁更热”，因为大暑时节北方进入雨季，所以人们的体感温度没有在小暑时感受到的那么高了。而在南方地区，大暑是无可争议的“高温冠军”。

在你生活的地方，小暑和大暑，谁才是当之无愧的“高温冠军”呢？试着给身边人讲一讲吧！

第四章 秋处露秋寒霜降

秋 第一节 立秋——凉风有信

立秋一候凉风至（立秋后，我国许多地区开始刮偏北风，给人们带来了丝丝凉意）；二候白露降（清晨，室外空气中的水蒸气在植物上凝结成了一颗颗晶莹的露珠）；三候寒蝉鸣（这时候的蝉在微风吹动的树枝上凄切地鸣叫着，好像在告诉人们，炎热的夏天就要过去了，它们的生命即将迎来终点）。

过了大暑便是立秋，此时，盛夏的余热还未散尽，秋天便已款款而来。俗话说“一场秋雨一场寒”，立秋是天气由热转凉的节点，拉开了诗意秋天的序幕。

“风吹一片叶，万物已惊秋。”“立秋”是二十四节气中的第十三个节气。立秋之后，五谷丰登，瓜果飘香，别有一番成熟的韵味，让人忍不住想走进层林尽染的四野，感受天高气爽的清朗。

古人非常重视立秋这个节气。在周代，每逢立秋，天子会亲自率领文武百官到西郊设坛迎秋，举行祭祀秋神的仪式，并下令武将开始操练士兵。在汉代，官方迎秋的程序更讲究排场。立秋当天，百官都要换上皂领白衣，在西郊迎接第一阵秋风。仪式结束后，他们再换上绛色朝服，这身衣服一直要穿到立冬。

立秋前后，我国大部分地区农作物生长旺盛。北方地区棉花结铃，大豆结荚，玉米抽雄吐丝，甘薯快速膨大；江南地区水稻陆续抽穗，瓜果蔬菜也逐渐成熟。于是，农人们开始晾晒田间的收获物，俗称“晒秋”。

晒秋

在江西婺源的篁岭村，晒秋是农家喜庆丰收的“盛典”，已经成为当地一道独特的风景线——村落的屋顶上铺满晒盘，火红的辣椒、鲜黄的玉米……五彩斑斓的农作物与徽派建筑交相呼应，组成了一幅生活气息浓郁的山村丰收图，展现出人们丰收的喜悦。

西瓜味甘甜，性寒凉，也称“寒瓜”，有清热利尿、解暑生津的功效。我国各地自古便有立秋吃西瓜的饮食习俗，俗称“啃秋”。清代《津门杂记·岁时风俗》中写道：“立秋之时食瓜，曰咬秋，可免腹泻。”

啃秋

每年立秋，湖南省花垣县、凤凰县、泸溪县等地的苗族聚居区要举行隆重的“赶秋节”。届时，男女老少放下手中的活计，卸下肩上的担子，穿上艳丽的苗族节日盛装，从十里八乡、四村五寨来到秋场，迎接代表丰收的“秋公”和“秋婆”。青年男女则欢欢喜喜地荡八人秋千“闹秋”。

湖南省花垣县双龙镇董马库村的“赶秋节”场景

经历过“苦夏”，你的体重是不是减轻了一点呢？没关系，你看那秋风一起，食欲也跟着回来啦！

立秋要吃点儿好的，以弥补夏天因胃口不佳而没有享受到诸多美食的遗憾，北方人谓之“贴秋膘”。汪曾祺先生曾提到，对于北京人而言，“贴秋膘”有特殊的含义，即吃烤肉（炙子烤肉）。

炙子烤肉

小活动

我的立秋诗篇

秋天的启幕，激发了文人墨客的灵感。古往今来，“伤春悲秋”是许多诗词的主题，如杜甫的“万里悲秋常作客，百年多病独登台”，柳永的“多情自古伤离别，更那堪，冷落清秋节”，都给“秋”增添了一份惆怅。

“自古逢秋悲寂寥，我言秋日胜春朝。晴空一鹤排云上，便引诗情到碧霄。”刘禹锡未遵循“秋天等于伤感”的写诗主流逻辑，在他的眼中，秋天比春天还要生机勃勃、令人振奋。

立秋时节，你有何感想？
写下你的立秋诗篇吧！

第二节　处暑——暑去秋来

处暑一候鹰乃祭鸟（鹰感受到大自然的肃杀之气，开始大规模地捕猎飞鸟，将所猎之物码放在一起，像祭品一样）；二候天地始肃（天地间万物开始凋零）；三候禾乃登（泛指谷物开始成熟）。

“处暑”中的“处”有终止的意思，《月令七十二候集解》中记载：“处暑，七月中。处，止也，暑气至此而止矣。”这句话的意思是处暑时节炎热即将过去。也有人将处暑理解为“出暑”，即摆脱了暑气的困扰。处暑时，北方的雨季结束了，暑季也结束了，天气变得干爽了。所以，在北方，用“秋爽”形容处暑的天气十分贴切。

处暑是秋季农作物灌浆、结籽、饱实的重要节气。此时，不少地方的人们会举办迎秋、祭祖或祈求收成好等各式各样的民俗活动。

“一叶知光阴，风露也关情。”八月将末，三伏已尽。在不可逆的岁时变迁中，存在着时序交替的奇妙美好。处暑之后，秋意渐浓，正是人们畅游郊野，迎秋赏景的好时节。我们不妨和家人、朋友或心爱的宠物一起去郊游，登高望远，亲近大自然，感受秋天的美好。

秋日出游

处暑时节，沿海地带渔业收获正当时。浙江沿海地区每年都会在东海休渔期结束之日举行盛大的“开渔节”，欢送渔民开船出海。

开渔节

烤鸭

处暑吃鸭是很多地方的习俗之一。每到处暑时节，北京人会去买处暑百合鸭或烤鸭，而南京人则会在家做萝卜老鸭煲或红烧鸭块送给邻居，正所谓“处暑送鸭，无病各家”。

“土俗以处暑后，天气犹暄，约再历十八日而始凉；谚云：处暑十八盆，谓沐浴十八日也。”这句文言文表达的意思大致是，处暑后，天气还是很热的，每日用一盆冷水沐浴，十八日后就到了白露时节，这时天气才会变得凉爽，真正

夏日沐浴

意义上的秋天才算到来。

龙眼配稀饭

在处暑食用龙眼配稀饭，这是福州人的生活习惯。处暑时，福建的龙眼恰好进入收获季，且龙眼有养血安神、补益心脾的作用，此时食用能够调补身体，更好地应对季节变化。甘甜的龙眼配上福州人爱吃的稀饭，既美味又健康。

小活动

思辩“三暑”

“暑”和“寒”相对，是气温的两极。《千字文》中说“寒来暑往，秋收冬藏”，西晋文学家陆机说“四运循环转，寒暑自相承”，这些都是讲大自然四季循环，周而复始，生生不息的。

立秋之后的“处暑”和作为夏季节气的“小暑”与“大暑”虽然都是带有“暑”字的节气，但各自表达的含义不同。处暑节气可以用“一出一入”来理解。“一出”是出伏，“一入”是入秋。

请先回顾前面讲述的有关“小暑”和“大暑”的知识，再试着利用思维导图理清小暑、大暑和处暑在气温、降水和习俗等方面存在的相同点和不同点吧！

第三节　白露——白露为霜

白露一候鸿雁来（鸿雁南迁，鸿和雁是两种鸟，鸿大而雁小）；二候玄鸟归（燕子南归）；三候群鸟养羞（羞通“馐”，指食物，到了白露节气，鸟儿们要储存过冬的食物了）。

白露

白露，不仅是天气转凉的象征，名字也很美。《诗经》中的“蒹葭苍苍，白露为霜。所谓伊人，在水一方”是描写爱情的千古名句。李白《玉阶怨》中一句“玉阶生白露，夜久侵罗袜”，让漫天愁思飘然而至。杜甫的“露从今夜白，月是故乡明”表达了诗人对家乡和亲人的思念，成为千古传诵的名句。

白露一到，标志着孟秋的结束和仲秋的开始，我国大部分地区开始进入秋收阶段。在这一天，我国许多地区的人们要把收获的粮食和果蔬拿来供奉天地，祈求来年风调雨顺，五谷丰登、仓廪殷实。“白露满地红黄白，棉花地里人如海”“白露高粱秋分豆”……这些民谚，是这个时节的生动写照。

“白露白茫茫，无被不上床。”“白露不露，长衣长裤。”白露时节，早晚气温低、日温差大，因此要随时注意添加衣物，以防受凉感冒。

每逢白露，江苏苏州太湖一带会举行隆重的“祭禹王”活动。渔民为表虔诚，将秋季捕获的第一条鱼献给禹王，以求风平浪静，自己能有个好收成。

大禹治水

白露米酒

浙江、江苏、湖南等地有在白露节气开酿白露米酒的习俗。白露米酒是用糯米、高粱等五谷酿成，略带甜味，是当地人招呼客人必备的酒。

“朝饮木兰之坠露兮，夕餐秋菊之落英。”古人认为，露水是难得的养生佳品，犹以秋季的露水为佳。因此，白露节气收集清露成了民间一种特别的“仪式”。

露水

“春茶苦，夏茶涩，要喝茶，秋白露。”白露时节的茶树经过夏季的酷热后进入生长的黄金时期。白露茶既不像春茶鲜嫩味道淡，也不像夏茶干涩味苦，而是带有一种独特的甘醇和清香。

采收白露茶

小活动

白露丨诗意图

蒹葭

［先秦］佚名

蒹葭苍苍，白露为霜。
所谓伊人，在水一方。
溯洄从之，道阻且长。
溯游从之，宛在水中央。

蒹葭萋萋，白露未晞。
所谓伊人，在水之湄。
溯洄从之，道阻且跻。
溯游从之，宛在水中坻。

蒹葭采采，白露未已。
所谓伊人，在水之涘。
溯洄从之，道阻且右。
溯游从之，宛在水中沚。

“寒生露凝”给白露节气带来了诗意，也带来了灵性。而人们对白露的最初印象，大多来自《诗经》中的这首《蒹葭》。试着把白露的诗意画出来吧！

秋 第四节 秋分——秋色平分

秋分一候雷始收声（不再出现打雷的天气。古人认为，雷电乃龙所为，春分雷乃发声，秋分雷始收声）；二候蛰虫坯户（秋分时的蛰虫还没有完全封闭门户，而是把洞穴垒得更结实一些，洞口开得再小一些，等到天寒再封堵洞口，安然过冬）；三候水始涸（夏雨遗存的积水逐渐干涸）。

“秋分”中的“分”是“一半”的意思，到了这个时节，秋天刚好过了一半。秋分这一天，太阳直射地球赤道，昼夜等分，平分秋季。之后，太阳直射点日渐向南半球慢慢移动，北半球白昼渐短，黑夜渐长，昼夜温差渐大，一夜凉过一夜。

俗话说，“秋分一到，谷场见稻”“白露早，寒露迟，秋分种麦正当时”……此时节，正是“三秋”（秋收、秋耕、秋种）忙碌之时，大江南北的金色田野里正活跃着农民们抢种抢收的身影。这时的北方正忙于种植冬小麦，而南方则忙于种植水稻。

你听，鸟儿在高高的谷堆旁，叽叽喳喳地唱着歌儿；你闻，漫山遍野的瓜果香气沁人，香气中还夹杂着泥土的气息，让人心情舒畅；你看，空中翱翔的苍鹰，始终坚定目标前行。丰收，是用双手创造幸福生活，只有努力才会收获累累硕果！

月坛钟楼

早在周朝就有帝王举行秋分祭月仪式的习俗。我国各地至今仍遗存着许多和祭月有关的古迹，如“拜月坛”“望月楼”等。北京的月坛就是明嘉靖年间为皇家举行祭月仪式建造的。

秋天的牛

每逢秋分，有些地方还有“说秋”的习俗，即在秋分这天，人们挨家挨户赠送在红纸或黄纸上印着全年农历节气和农夫耕田图案的“秋牛图”，同时还说一些应景的吉祥话，表达祈求丰收的愿望。

野苋菜

在岭南地区，有个习俗叫作“秋分吃秋菜”。“秋菜”是一种野苋菜，每逢秋分，岭南地区的人们会去采摘秋菜。摘回的秋菜通常与鱼片一起“滚汤”，名曰“秋汤”。有一首顺口溜描述过吃秋汤的好处：“秋汤灌脏，洗涤肝肠。阖家老少，平安健康。”

资料卡

中秋节

你知道吗？古代有“春分祭日、夏至祭地、秋分祭月、冬至祭天”的传统，但是因为秋分在农历八月的日子每年有所不同，且受当日天气影响难以确保能看到圆月，这对祭月仪式的举行产生了一定的影响。而农历八月十五的月亮较其他月份十五的月亮更圆、更皎洁，于是，在历史发展进程中，民间逐渐将祭月的仪式从秋分调到了八月十五，也就是我们今天所熟知的中秋节。不过需要注意的是，虽然民间祭月仪式多在八月十五举行，但在部分地区，依旧保留着秋分祭月的传统。

小活动

秋分说牛

牛是人类最早驯养的动物之一。在南方，牛下水田；在北方，牛犁土地。在中国的历史文化中，牛成为了吃苦耐劳、任劳任怨的象征，更是在二十四节气中屡次登台。

你知道吗？在十二生肖中，有一个关于牛的有趣小故事。

相传，天地开辟之初，天神为了纪年，布告世间所有动物，让它们次日太阳一出就到天庭集合，然后按报道次序挑选出 12 种动物组成十二生肖。

老牛最先得知消息，它觉得自己腿脚慢，于是即刻出发去天庭。途中，老牛遇见一只老鼠，听老鼠发问，老牛据实以告。老鼠腿短，灵机一动，偷偷爬上牛背，搭上了“顺风车”。老牛后来还碰到了老虎、兔子，并且也告诉了它们关于挑选十二生肖的事，但老虎和兔子都觉得自己跑得快，并未马上动身。翌日，太阳升起，老牛眼看就要第一个到达天庭，哪知躲在牛背上的老鼠却在这时纵身一跳，侥幸抢得头名。从此，牛只能在十二生肖中屈居第二。

关于“牛”，你还知道哪些有趣的故事？快给身边人讲一讲吧！

第五节 寒露——菊有黄华

寒露一候鸿雁来宾（鸿雁排队大举南迁）；二候雀入大水为蛤（气温下降，雀鸟不见了踪影。这时，古人看到海边出现的蛤蜊，其贝壳上的花纹及颜色与雀鸟的相似，便以为是雀鸟入海化为了蛤蜊）；三候菊有黄华（黄色的菊花开放）。

“寒露过三朝，过水要寻桥。”寒露是二十四节气中第一个带“寒”字的节气，它的一个重要特征是露水快要凝结成霜。寒露到来，大雁排成“一”字形或“人”字形队伍向南迁移，人们此时能明显感到凉意袭来，秋天的存在感不断加强。

白露和寒露时节虽然都会出现水汽凝结现象，但由于寒露是天气从凉爽到寒冷的过渡，相对于白露而言，寒露时节气温更低，标志着深秋来临。

寒露带走了夏的炎热，此时空气里有甜丝丝的桂花香和寥落的虫鸣，大地上的万物都随着斑斓的落叶齐齐地指向了深秋。寒露也是一个被丰收的喜悦笼罩着的节气。一棵棵玉米笔直站立在肥沃的土地上，露出金黄的“牙齿”；红彤彤的柿子像一个个小灯笼挂在枝头，点亮了农民的生活。

此刻，不妨放慢一下脚步，感受飒爽秋风扫过的叶落、荷残、雨飞和桂香，聆听秋天演奏的乐章！

香山红叶

寒露时节，我国北

方已呈深秋景象，白云红叶；南方也秋意渐浓，蝉噤荷残。在北京，香山的漫山红叶如霞似锦、如诗如画，每年都会吸引无数游人慕名而来。

秋天正是菊花盛开的好时候，和大多数春夏盛开的花不同，越是霜寒露重，菊花越是开得艳丽。由于寒露节气与重阳节临近，有的地方在寒露有“饮菊花酒”的习俗。

菊花

秋钓边

每到寒露时节，气温快速下降，太阳光已经无法照进深水区，鱼儿便都向水温较高的浅水区游去，便有了人们所说的“秋钓边”。

俗话说“西风响，蟹脚痒”，寒露时节雌蟹卵满、黄膏丰腴，正是品尝母蟹的最佳时机。

吃母蟹

吃螃蟹有哪些禁忌？

资料卡

“季秋”是什么？

季秋是秋季的最后一个月，即农历九月。

中国古人将每个季节的三个月分别冠以“孟”“仲”“季”——孟是第一，仲是第二，季是第三。春夏秋冬各自的第一个月分别叫孟春、孟夏、孟秋、孟冬，第二个月分别叫仲春、仲夏、仲秋、仲冬，第三个月分别叫季春、季夏、季秋、季冬。

小活动

哪些是寒露节气的“露”？找一找

“天上碧桃和露种，日边红杏倚云栽。”

“露从今夜白，月是故乡明。”

“中庭地白树栖鸦，冷露无声湿桂花。”

“蒹葭苍苍，白露为霜。”

“秋风萧瑟天气凉，草木摇落露为霜。”

“玉露凋伤枫树林，巫山巫峡气萧森。”

“槛菊愁烟兰泣露，罗幕轻寒，燕子双飞去。”

“萧疏桐叶上，月白露初团。”

秋 第六节 霜降——“好柿成霜”

霜降一候豺乃祭兽（为顺利过冬，豺狼会将自己捕捉到的猎物储备在一起，慢慢食用，看上去像在祭天）；二候草木黄落（大地上草木枯黄，落叶纷纷）；三候蛰虫咸俯（蛰虫钻进洞里，不吃不动，进入冬眠状态）。

霜降

古人以为霜是从天上降下来的，所以就将初霜时的节气取名“霜降”。其实，霜和露水一样，都是空气中的水汽凝结而成的。

霜降是一年中有霜期的开始。此时节，冷空气活动频繁，气温变化加剧，昼夜温差增大，夜间温度往往会降至0℃以下，空气中的水汽凝结于地表和植被，形成微小的白色冰晶或六角形霜花，让人颇生怜爱之情。

霜降是一场秋的告别。霜降到来后，对时节敏感的小虫小兽们会匆匆忙忙往自己的小巢里搬运食物。它们不愿凌霜傲雪，跟严寒做什么争斗，只想把洞口堵起来，懒懒地睡一觉。睡醒后，将是温暖美丽的春天。

霜降时，虽然天气冷，但是我们要用“心平能愈三千疾”的能量，温暖生命的每一寸流光！

霜降时节，福建省泉州市有吃柿子的习俗，老泉州人有一句谚语：“霜降吃丁柿，不会流鼻涕。”厦门人也同样相信霜降这天的某个时间吃了柿子后，脸色会变得跟红柿子一样红润。此外，霜降吃柿子，也有“好柿成霜（好事成双）”的美好寓意。

柿子

壮族霜降节是壮族传统节日，主要流行于广西壮族自治区的大新、天等、德保、靖西、那坡等县的壮族德靖土语地区，节期为三天。该节以霜降前一天为“头降”，农家为牛梳洗、挂红彩，给牛喂酒菜等；霜降日为“正降”，人们带着酒、肉、糍粑、糕点等祭品前往娅莫庙供祭；霜降第二天为“尾降”，以娱乐为主。

壮族霜降节板鞋舞

在气象学上，一般把秋季出现的第一次霜叫作“早霜”或“菊花霜”，因为此时菊花盛开，正值赏菊的好时节。我国很多地方在这时要举行菊花会，赏菊饮酒，以示对菊花的喜爱。

结霜的菊花

小活动

当蛰虫遇见文创“柿”

在绿色布上画出叶子和根蒂的形状，在橘色布上画出制作立体柿子果实的形状。画好后，用剪刀剪下这些形状，拼接缝制果实和叶子部分。然后将用黑色线绳缠绕制成的“蛰虫”放入果实中，并塞入适量棉花，再将叶子和果实进行组合缝制。另用绿色布制作柿子的“蒂”，用线将蒂和叶子缝制在一起，封住刚才塞棉花的口。这样，文创“柿”就完成啦！

“柿”成后想想怎样介绍这别具一格的作品吧！

（儿童在使用剪刀、针线等工具时需有老师或家长在场指导。）

第五章　冬雪雪冬小大寒

冬　第一节　立冬——万物收藏

立冬一候水始冰（从立冬开始，水面开始凝结成冰，但还不至于成为坚冰）；二候地始冻（土地开始凝寒，但还不至于成为冻土）；三候雉入大水为蜃（古人发现，立冬时野鸡之类的大鸟不见了踪影，而海边的大蛤在此时出没，其外壳的线条和颜色都与野鸡的相似，所以古人便认为野鸡在立冬以后就变为大蛤了）。

立冬

立冬，冬之始也，万物收藏。相传，古人在立冬时节多用占卜的方法来预测整个冬天的冷暖。古人认为，“立冬晴，一冬凌；立冬阴，一冬温”，意思是如果立冬当日是晴天，整个冬天都会寒冷；如果立冬当日是阴天，那么这个冬天将是一个暖冬。

在古代，立冬是个重要的节日，有“迎冬”“补冬”之说。据史书记载，在立冬前三天，掌管天时、星历的太史会谒见天子报告立冬将至。于是，天子沐浴更衣，开始斋戒。到了立冬这一天，天子会亲率三公九卿大夫到皇城北郊去迎冬。

现在，到了立冬，北方吃饺子，南方食肉进补，一家人围炉夜话中，距离新年的到来又近了一步。

立冬是一切春华秋实的结束，又是一切梦想希冀的开始。冻红的脸、呼出的水蒸气、烧红的炭火、热气萦绕的火锅店、柔软舒适的围巾、加绒加厚的袜子、踩在雪地咯吱响的靴子、进去便不愿再出来的被窝、爷爷奶奶家的热炕头、晶莹剔透的雪花……冬天来了，春天还会远吗？

饺子

在我国北方，特别是北京、天津的人们爱吃饺子。饺子来源于“交子之时”的说法。农历大年三十是旧年和新年之交，立冬则是秋冬季节之交，饺子在这些时候是餐桌上的主角。

“一日半根葱，入冬腿带风。”到了立冬时节，南京的老一辈人就会在日常饮食中多吃些生葱，以抵抗南京冬季的湿寒，减少疾病的发生。

生葱

小活动

冬饺“心”做

相传东汉名医张仲景告老还乡时，在路上见许多百姓的耳朵都被冻坏了。于是，他在河边架起一口大锅，把羊肉、辣椒和驱寒的药材放进水里去熬，然后捞出来切碎，放在面皮上，包成像耳朵一样的东西，再下锅煮。这些形状和耳朵类似的食物就是饺子。所以，立冬吃饺子也被老人们称为“安耳朵”，更有“立冬不端饺子碗，冻掉耳朵没人管”的说法。

包饺子

效仿名医张仲景，制作立冬饺子，安一安耳朵吧！

冬 第二节 小雪——天冷冬深

小雪一候虹藏不见（由于降水形式从雨变成雪，天上不再看得见彩虹）；二候天气上升地气下降（天地阴阳不再相交，万物沉寂）；三候闭塞而成冬（天气寒冷，万物闭塞无生气，就像一切事物都进入了冬眠一样）。

小雪

“小雪”，指的是“气寒而将雪”，用以代表此时节的天气特征。小雪时节已是初冬，天气逐渐转冷，地面上的露珠变成寒霜，流水凝结成冰，天空中的雨滴变成雪花。

虽然这个节气叫“小雪”，但是并不意味着到了这个时节才会有下雪的天气。有时刚迎来立冬，冬季的第一场雪就紧随而至，雪量还很大。

小雪时，寒潮和强冷空气悄然而至，北方天寒地冻，同时，随着冷空气不断南下，江南水乡会大范围出现大风降温天气，“荷尽已无擎雨盖，菊残犹有傲霜枝”的瑟瑟寒意让人们裹紧了自己的棉衣。此时节，田里的农活已经不多了，马上就要进入食物匮乏的冬季，因此必须提前做好越冬准备。

诗人们喜欢在雪天与友人围炉煮茶、诗酒共饮。唐代诗人白居易的《问刘十九》便是其中的名篇，“绿蚁新醅酒，红泥小火炉。晚来天欲雪，能饮一杯无？”全诗字里行间洋溢着温馨炽热的情谊。

晒腊肉

小雪是冬日，却不是凛冬。小雪里绽放的第一朵雪花，就是冬天美丽的信使，她引领着我们，向着希望和温暖出发。

在江南地区，小雪之后，家家

户户开始腌制、风干各种食材，包括白菜、萝卜、鸡鸭鱼肉等，以备过冬食用。杭州人往往会趁着这个节气开始腌制酱鸭、腊肉。

糍粑

我国南方部分地区的人们在小雪时节有吃糍粑的习俗。有俗语云“十月朝，糍粑碌碌烧”，这里的“碌碌烧”是非常形象的客家语言。“碌”，是像车轮那样滚动，意思是用筷子卷起糍粑，像车轮一样在盛有芝麻、花生、砂糖等的盘子里滚动，让糍粑粘上这些配料；而“烧”，即热气腾腾，表明糍粑趁热食用更好吃。

资料卡

“雪婆婆”的生日

在江南地区有一种说法，农历十月二十五是“雪婆婆”的生日。过了这一天，就有可能开始降雪。

据说清代书画家、文学家郑板桥有一件颇为自豪的事情，那就是他的生日和雪婆婆是同一日。为了纪念自己生日的不同寻常，郑板桥还特意刻制了一枚印章，上面写着“雪婆婆同日生”。

小活动

小雪，请让我为你写诗

“一片两片三四片，五六七八九十片。千片万片无数片，飞入梅花都不见。”欣赏漫天飞舞的雪花，总会让人诗意盎然。从古至今，许多诗词歌赋都赞美雪花雪白灵动的曼妙身影，给人无限遐想。

你也创作一首关于“雪”的诗吧！

第三节　大雪——玉树琼花

大雪一候鹖鴠不鸣（鹖鴠即寒号鸟，因天气寒冷，此时寒号鸟已不再鸣叫）；二候虎始交（老虎开始有求偶行为，以衍子息）；三候荔挺出（荔挺为兰草的一种，由于感到阳气的萌动而抽出新芽）。

大雪

大雪与小雪、雨水、谷雨等节气一样，是直接反映降水状况的重要标志。“夜深知雪重，时闻折竹声。”这个时期，天气比小雪时更冷，下雪的可能性更大了。

“千山鸟飞绝，万径人踪灭。孤舟蓑笠翁，独钓寒江雪。”洁白淡雅的雪有着丰富的文学意韵，常常成为文人墨客吟咏的对象。“烹雪煮茶”也是古代文人钟爱的消遣方式，在《红楼梦》中有一段描写妙玉给宝玉泡茶的内容，便用了“收的梅花上的雪”这样的说法。

“冬天麦盖三层被，来年枕着馒头睡。”对于农家来说，大雪另有一番意义。忙了一年，此时终于可以收起农具，歇上一阵子了，不过，他们心里还是惦记着来年的收成。下雪了，就会盼着雪下得越大越好，因为“瑞雪兆丰年”。

俗话说：“霜前冷，雪后寒。”进入大雪节气，一年中的酷寒就要开始了。但是，严寒更能张扬生命的力量，让人们更加朝气蓬勃地迎接新的生机。

大雪节气前后，当年的新萝卜上市，鲜脆味甘水分足。有些地方的人们会将萝卜加工成萝卜丸子，这些萝卜丸子在一些小吃摊也能吃到，现吃现下锅煮。煮好的丸子连同汤汁一起被舀到碗中，撒上葱花和香菜，热气腾腾，萝卜的清香让人食欲倍增。

香肠

灌香肠也是大雪节气中的传统民俗。灌香肠最好挑前腿肉，将肉切成块状，根据口味加上盐、糖、姜末、葱末及少许五香粉等调味料，然后请人加工或自己动手灌制即可。很多人家会将灌好的香肠挂在竹竿上晾晒，并用针在香肠上戳上小孔，以缩短风干的时间。

“小雪封地，大雪封河。”到了大雪节气，河里的水都被冻住了，人们可以尽情地滑冰嬉戏。滑冰作为冬季游戏之一，在古时被称为“冰嬉”。

滑冰

鲁北地区有“碌碡顶了门，光喝红黏粥”的说法，意思是天冷不再串门了，只在家喝热乎乎的红薯粥度日。

红薯粥

资料卡

古人如何过冬?

你知道吗?在没有暖气、空调等取暖设备的古代,快乐过冬也不是难事,只要备好风帽、斗篷、手炉、竹伞等专用“装备”,人们就可以任意开启赏游随心、踏雪寻诗的高雅文艺活动了。你的过冬必备物品又有哪些呢?

小活动

当雪遇上我

“最妙的是下点儿小雪呀……山坡上有的地方雪厚点儿,有的地方草色还露着;这样,一道儿白,一道儿暗黄,给山们穿上一件带水纹的花衣;看着看着,这件花衣好像被风儿吹动,叫你希望看见一点儿更美的山的肌肤……”这是老舍笔下的“雪”。

“……下雪了!雪天,到后园去折蜡梅花、天竺果。明黄色的蜡梅、鲜红的天竺果,白雪,生意盎然。蜡梅开得很长,天竺果尤为耐久,插在胆瓶里,可经半个月。”这是汪曾祺笔下的“雪”。

当雪遇上城,北京就成了北平,西安就成了长安,南京就成了金陵,苏州就成了姑苏……

请以“当雪遇上我”为主题,创作不同场景的图画(不少于3幅),并为这些图画起个诗意的名字吧!

冬 第四节 冬至——年关将至

冬至一候蚯蚓结（土中的蚯蚓蜷缩着身体）；二候麋角解（雄性麋鹿头上的角要脱落了）；三候水泉动（山中的泉水和地下的井水开始解冻流淌）。

“一九二九不出手，三九四九冰上走，五九六九，沿河看柳，七九河开，八九雁来，九九加一九，耕牛遍地走。”冬至一到，就进入了我们常说的“数九寒天”时期，每九天为一九，数完九个九，春回大地，天气就暖和了。

冬至也是一个比较特殊的日子，又被称作“小年”。周代将冬至所在的农历十一月视为正月，周天子会在冬至日举行“郊祀”的典礼。到了汉代，则将冬至定为公共节日，百官皆可放假一天。《后汉书》中说：“冬至前后，君子安身静体，百官绝事，不听政，择吉辰而后省事。”

自古以来，我国各地过冬至的传统习俗有所不同。但每种冬至食物中，都承载着对家乡的爱。“冬至大如年，人间小团圆。”冬至已至，年关将到，和家人一起吃一顿热乎的饭，喝一口热乎的汤，聊聊有趣的事，开开心心迎接新年吧！

在山东省滕州市，为了迎接冬至，人们都会提早去羊肉汤馆预订羊肉或羊肉汤，然后将其用锅装好后端回家或打包赠送亲朋。滕州羊肉汤之所以久负盛名，秘诀就在于选用优质羊肉与甘甜清澈的山泉水烹制，这样熬制的汤味浓肉香、不腥不膻。

羊肉汤

“冬至到，吃饺子。”我国北方有冬至吃饺子的风俗，相传冬至吃了饺子不会冻耳朵。而在江南地区，冬至吃汤圆

较为盛行，以此祈盼家庭和睦、吉祥。

冬至这一天，你家里是吃饺子还是吃汤圆呢？

饺子和汤圆

三门祭冬，是浙江省台州市三门县在冬至举行的拜冬祭祖民俗活动，至今已有700余年历史。通过祭冬，人们深切地表达了对天地自然与祖先的感恩之情。

三门祭冬

资料卡

冬至是一年中最冷的时候吗？

“冬至前后，冻破石头。”冬至是“数九”的第一天，此时并非一年中最冷的时候。因为地球表面有大气，能够储存热量，并不是“即存即失”，而是有“积热”。冬至后，虽然太阳高度角渐渐升高，但每天散失的热量仍大于接收的热量。到了“三九天”，积热最少，温度也就达到了最低。

小活动

“填九九”

“数九”寒天，古代民间流行“填九九消寒图”的游戏。所谓“填九九”，通常是准备一幅双钩描红书法字帖，从冬至起每天按照笔画顺序填充一个笔画，到九九之后春回大地，一幅九九消寒图便完成了。还可以买一幅81瓣梅花画，等冬至一到，每天给一个花瓣涂上颜色，等所有的梅花瓣都被染红了，春天也就到了。

九九消寒图

试数窗间九九图，馀寒消尽暖回初。
梅花点遍无馀白，看到今朝是杏株。

学古人的样子，一起“填九九”吧！

冬

第五节 小寒——踏雪寻梅

小寒一候雁北乡（大雁开始向北迁徙）；二候鹊始巢（喜鹊开始筑巢）；三候雉始雊（野鸡开始鸣叫，早春临近）。

“寒”字下面两点意谓“冰”，冷气积久而寒。古人认为小寒时节天气寒冷，但还没冷到极点。小寒与大寒、小暑、大暑及处暑一样，都是表示气温冷暖变化的节气。小寒时节，“冷”是最大的特点。

“小寒”一过，就进入“出门冰上走”的三九天了。此时，我国大部分地区已进入严寒时期，土壤冻结，河流封冻，加之北方冷空气不断南下，天气变得异常寒冷，人们将这种场景叫作“数九寒天”。

“大寒小寒，冷作一团。”天寒地冻之中，生命的种子却在默默孕育着。过了小寒，春节就不远了。或许，寒冷存在的意义，就是为了让你珍惜温暖的事物。在寒冬里，做一个等待发芽的人，只管心怀期许地等待春天醒来。

梅花

“墙角数枝梅，凌寒独自开。遥知不是雪，为有暗香来。”因为梅花总是最先察觉到大地深处的暖意，最先传递了春天的信息。小寒时节，民间多有赏梅的风俗活动。

白菜

黄芽菜是天津特产，它是用白菜芽制作而成的。冬至后将白菜割去茎叶，只留菜心，掩埋于土壤之中，离地面 7 厘米左右，覆盖勿透气，半月后取食，其口感脆嫩无比。

菜饭

到了小寒，南京的老一辈人一般会煮菜饭吃。菜饭的口味多种多样，其中一种是用糯米同矮脚黄青菜与咸肉片、香肠片或是板鸭丁一起煮制，其口感鲜香可口。

资料卡

腊祭

腊祭为我国古代祭祀习俗之一。

由于古人会在十二月举行合祀众神的腊祭，以所捕禽兽敬告祖宗，因此把腊祭所在的十二月称为腊月。后来，祭祀仪式中的祭品腊肉逐渐成为家家户户过年要吃的美食。每年到了岁末十二月，无论是北方腊肠，还是南方腊肉，都被齐刷刷地悬挂起来。

小活动

剪窗花

进入腊月以后，年味渐浓，人们开始写春联、剪窗花，陆续为春节做各项准备。小寒时节，选一个你喜欢的图案，动手剪窗花吧！

“福”字窗花

第六节　大寒——寒尽春来

大寒一候鸡始乳（母鸡开始孵小鸡了）；二候征鸟厉疾（鹰隼之类的猛禽盘旋于空中寻找食物）；三候水泽腹坚（此时冰层厚度达到一年中最厚的状态，冰面非常坚固）。

大寒，是二十四节气中的最后一个节气，也是腊月的代表节气。同小寒一样，大寒也是表示天气寒冷程度的节气，代表天气已经寒冷到极致。此时，我国很多地区都呈现出一幅寒野苍茫、银装素裹的冬日景象。

俗话说："过了大寒，又是一年。"随着年底的临近，人们为迎新年兴奋起来，开始准备传统节庆活动，而容易忘记了"大寒"这个节气。

其实，大寒这个时节是充溢着喜悦的，从农村到城市，从街头到巷尾，各种煎、炸、烹、煮等烹饪方式，足以融化冬末的寒意。

尾牙，是东南沿海地区的民间传统活动。农历每个月的初二和十六，是福建商人祭拜土地公的日子，称为"做牙"。从二月初二开始，称为"头牙"。之后每月两次，正好到腊月十六最后一次做牙，就称为"尾牙"。

尾牙宴

消寒糕是年糕的一种，北京人在大寒节气吃年糕，寓意"年高"，带着吉祥如意、年年平安、步步高升的好彩头。

年糕

旧时大寒时节的街上，常有人争相购买芝麻秸。因为按民间说法，"芝麻开花节

（秸）节（秸）高”。人们将芝麻秸撒在行走的路上，供孩童踩碎，谐音“踩岁”，寓意“岁岁平安”。

踩岁习俗宣传栏

资料卡

祭灶

农历腊月二十三为祭灶日。

传说，灶王爷是玉皇大帝派到每家每户中监察人们日常行为的神，每年岁末回到天宫中向玉皇大帝奏报民情，让玉皇大帝决定赏罚。因此，送灶时，人们会在灶王像前的桌案上供放糖果、清水、料豆和秣草。祭灶时，还要把关东糖用火化开，涂抹在“灶王爷”嘴上，这样做的目的是不让灶王爷说坏话。常用的灶神联上往往写着“上天言好事，回宫降吉祥”和“上天言好事，下界保平安”之类的字句。

小活动

我的年货清单

每到大寒节气，人们便开始忙着为过年奔波准备——赶年集、买年货，一派热闹祥和。

如果让你来置办年货，你会买些什么呢？列出你的年货清单吧！

年货大集